菌菇的微型世界

以玻璃瓶打造掌中風景

部屋で楽しむ きのこリウムの世界

樋口和智——著

賴惠鈴——譯

菌菇總散發著特殊的氛圍，自古以來就經常出現在有精靈或小矮人的童話故事裡。它們不知從什麼時候突然冒出頭，過沒幾天又悄聲無息地消失了。也因為這種特性，經常有人用「神出鬼沒」來形容菌菇。

雖然菌菇看著有點不可思議，又帶點神祕感，我們日常都會接觸到的食用菇卻已經有固定的栽培方法，也在市面上流通。

「菌菇生態瓶」正是稍微借鏡了食用菇的栽培方法，把菌菇種植在家中的容器裡。

菌菇從苔蘚中破土而出的模樣，簡直就是童話世界裡的風景。而菌菇生長的姿態美麗又神祕，彷彿有種魔力，令人愛不釋手。

菌菇生態瓶還有另一個優點，就是在家就可以日日夜夜、甚至時時刻刻觀察菌菇，因為它們生長迅速，很快便能看到它們的成長。

或許各位會覺得菌菇很難養，但只要掌握幾個重點，培養菌菇其實非常簡單。

歡迎你一起加入菌菇生態瓶的世界，沉醉在微景觀的魅力裡！

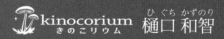

菌菇的微型世界 以玻璃瓶打造掌中風景
CONTENTS

※ 本書將為各位介紹，如何利用坊間一般食用菇的栽培用菌床
　及菌種，來培養菌菇。
※ 國立、國家公園內的特別保護區禁止採摘動植物。如果要採
　摘私有地的菌菇，請一定要經過地主的同意。
※ 書中所寫的栽培時期，主要以日本關東到關西的地區為準。
　菌菇的生長速度依氣溫會有很大的差異，書中的菌菇基本上
　保存在氣溫12～18度的條件下。此外，生長速度也會依菌
　菇的種類而異。

什麼是菌菇生態瓶

把菌菇視為創造風景的素材，
並在玻璃生態瓶※中重現大自然。

「菌菇」＋「玻璃生態瓶」＝菌菇生態瓶。

對空間進行設計，種下菌菇、苔蘚，最後在小巧的
玻璃容器裡，呈現出有如剪下一方大自然的景色，
那種感動真是難以言喻。

就像這樣，「菌菇生態瓶」可以同時體會到培養的
樂趣與創造的喜悅。

過去似乎不曾出現過這方面的創作，從我開始製作
菌菇生態瓶到現在，也不過只有四年左右的時間。
由於幾乎沒有可以參考的前例，所以我的栽培方法
幾乎都是無師自通，目前也還在不斷的嘗試錯誤中
摸索前行。

本書介紹的栽培方法也還在確立的路上，所以並沒
有什麼「這才是最正確的作法」。我只能在反覆實
驗的過程中，為各位介紹就結果而言比較可行的方
法，請務必挑戰、打造看看只屬於你的菌菇生態瓶。

※玻璃生態瓶（terrarium）：在玻璃容器裡培養陸生植物或小動物的方法。

菌菇生態瓶的特徵

苔蘚為「靜」，菌菇為「動」

相較於苔蘚要花上漫長歲月一點一滴、一寸寸地生長，菌菇成長的軌跡肉眼可見。

而相比苔蘚的玻璃生態瓶，樂趣在於觀察苔蘚緩慢生長的樣子，菌菇則是某一天突然就探出頭來，眼看著一天一天愈長愈大。

從這種生長的對比，可以感受到「靜與動」，也可說是菌菇生態瓶另一層魅力。

菌菇生命的短暫

菌菇的壽命大約只有短短兩週：第一週用來生長，接著在第二週枯萎凋零。我們無法一直欣賞到菌菇活著的狀態，它們的生命有如曇花一現，美麗而短暫。菌菇又稱作「子實體」，以植物而言相當於花的部分。子實體枯萎並不表示菌絲體本身也跟著死掉。

只要菌絲體還活著，菌菇就會再長出來。中級篇將為各位介紹讓菌菇反覆生長的方法。

要準備的工具與材料

向各位介紹製作菌菇生態瓶時需要的基本工具。如果沒有專用的工具，也可以利用日常用品或水族工具。

工　具

必要工具

以下是製作生態瓶及日常照顧時需要用到的工具。
長柄的鑷子、剪刀會比較好用。

湯匙（大）

用來搗碎菌床或將搗碎的菌床塞進瓶子裡，將土壤放進容器裡的時候也會用到。尺寸建議選擇跟用來吃咖哩的湯匙差不多的大小。

鑷子

主要用於鋪苔蘚的時候，以長度20～30公分的鑷子最適合，建議可以使用市售水族箱水草造景專用的鑷子。

剪刀

用來剪掉苔蘚的咖啡色部分，或修飾苔蘚的造型。以長度25公分左右的剪刀最為順手，如果有市售水草造景專用的剪刀更好。

噴霧器

每天為菌菇澆水或製作菌菇生態瓶時打濕土壤時使用。如果容器不大，可以拿化妝用的噴瓶（右）來用，這樣每次都能噴出少量且細緻的水霧（參照p.46）。

有的話更方便

製作時還會用到以下的工具。不是必需品，但有的話可以製造出更富變化的作品。
細節請參照p.30～31。

電鑽

用來挖洞，好把菌床埋進去。衝擊式起子機的扭力太大，鑽頭可能會折斷，選用一般的電鑽即可。

木工用鑽頭

用來挖洞，好把菌床埋進去。請選用直徑1.8公分以內的鑽頭。如果再粗，電鑽那頭的動力可能會不夠，導致無法鑿穿，請特別留意。

防水膠（填縫劑）

鑽孔後、將菌床埋進去前，必須在表面塗上一層防水膠，以防止菌床的水分蒸發。

材　　料

玻璃瓶、容器

小到玻璃杯，大到中型的水槽都能拿來利用。有蓋子更好，但如果沒有，也可以用塑膠片自己動手做蓋子。而如果用其他容器來製作，也要蓋上蓋子以保濕。

菌床（太空包）or 段木 or 菌種

菌床

段木　　　　　　　　　　菌種

菌床呈塊狀，是在闊葉樹的木屑裡加入營養劑，再種上菌菇的菌種而成。菌床的出現為的是盡可能多收獲一些菌菇，因此裡頭有很多養分，長出來的菌菇個頭很大，量也很多。

段木是在青栲櫟、櫻花樹、麻櫟等闊葉樹的原木種下菌菇的菌種，讓菌菇長滿整塊木頭。一般用來栽培菌菇的段木都是大型的段木，無法用來製作菌菇生態瓶，因此必須自己動手製作超迷你的段木。段木的作法請參照p.78～81。

菌種是用來製作菌床或段木的菌株，也可以加在木屑裡、混入營養劑培養，就能直接從菌種長出菌菇。如果只是為了長出菌菇，也可以用菌床來代替。

缽底石

菌菇生態瓶因為會使用菌床或段木，所以可能因為水分太多而腐爛。但只要事先將缽底石鋪在容器底部，當不小心澆太多水時，多餘的水分就會流到底部，可以防止菌床或段木腐爛。

土壤（赤玉土、泥炭土）

如果只是要培養菌菇，可以只用赤玉土，但考慮到苔蘚的生長，最好加入泥炭土以增加保水力。混入泥炭土後，土壤會產生黏性，造景時就可以輕易製造出傾斜的角度。

苔蘚

近來只要透過網路，就可以買到各式各樣的苔蘚。梨萌珠苔、白髮苔、灰苔等都很適合用來製作菌菇生態瓶。詳情請參照p.86～87。

蕨類植物

蕨類植物也可以從網路上買到。海州骨碎補、伏石蕨等都是很適合用來製作菌菇生態瓶的苔蘚。詳情請參照p.87。

石頭

可以用石頭為造景增加變化；妥善搭配菌菇的顏色，還能創造出一致性的感覺。如果不希望石頭太搶戲，不妨使用深色的石頭。

適合住進生態瓶的菌菇們

我基本上是使用市售的食用菌菇來栽培。野生菌菇中有許多劇毒的品種，非常難判斷，
若沒有相關知識判斷千萬別採回家。

⚠ 日本的野生菌菇中，有的品種能作為毒品原料，光是栽培、收受、讓渡、持有就已經違法了；一旦違反法律，將處以徒刑或易科罰金。請不要
從自然界採摘菌菇回家，而是買市面上的食用菌菇來製作。

金針菇

傘柄較細，蕈傘的表面非常光滑。蕈傘的面積約2～4
公分左右，給人弱不禁風的感覺。
帶點黏性，只要噴點水，蕈傘就會變得亮晶晶。

🌡 生長溫度：7～15度（大約在12月以後）

滑菇

傘柄較粗，整體比較矮。蕈傘的面積約4～6公分，給
人穩健的印象。
具有黏性，小時候的樣子十分討喜。

🌡 生長溫度：6～12度（大約在1～2月）

適合滑菇的溫度比較低，因此必須對設置的場所多下點功夫。

金毛鱗傘

特徵是蕈傘、傘柄具有倒刺狀的鱗片。蕈傘的面積約
3～7公分，很容易長得太長，所以建議放在光線充
足、比較乾燥的環境下培養。

🌡 生長溫度：15～20度（大約在11月以後）

適合金毛鱗傘的溫度比較高，在一般家庭裡最容易生長。

白秀珍菇

是秀珍菇的白色品種，絕美的純白菌菇。蕈傘的面積
約4～7公分。相對之下比較不怕雜菌，最適合用來製
作段木。

🌡 生長溫度：10～16度（大約在12月以後）

只要製造溫差，給予刺激，就容易長出菌菇。

※大小及形狀會因為生長環境而有相當大的差別。　　　※生長溫度以沒開空調的室內為準。
※即使是同一種菌菇，也分成早生、中生、晚生等等，適合的溫度依品種而異。

初級篇

即刻上手的小容器生態瓶

或許大家會覺得菌菇很難養，但只要掌握住幾個重點，培養菌菇其實很簡單。基本上只要鋪好菌床，再放上苔蘚，就完成了！

即使是從生活百貨買回來的玻璃杯等迷你容器，也能輕鬆製作菌菇生態瓶。

只不過容器很小，無法長時間欣賞，菌菇一旦長完就要重新製作。

玻璃杯菌菇生態瓶

菌菇種類：金針菇

用生活百貨的玻璃杯，
即可製作輕巧的菌菇生態瓶。
把小小的容器捧在掌心，
就能擁有一方童話世界。

要準備的東西

・玻璃杯　1個

〈尺寸〉
寬70mm × 直徑70mm × 高90mm

・苔蘚（梨蒴珠苔）　適量

・噴霧器

・菌床（金針菇）　適量

・喜歡的漂流木
1根

・湯匙（大）

・鑷子

・剪刀

作法

1 仔細洗淨容器及道具

用廚房清潔劑仔細將玻璃杯、湯
匙、鑷子等工具洗乾淨。

2 用湯匙搗碎菌床

準備搗碎成2～3mm的散狀菌床，和3～4個2cm左右的塊狀
菌床。

13

3 在玻璃杯裡鋪滿菌床

先把搗碎的菌床裝進杯子裡，填滿到3cm左右的高度。

再埋入塊狀的菌床，塊狀菌床的表面露出來也無妨。

整體用湯匙壓緊固定，要壓緊到輕輕搖晃也不會散開的程度。

POINT!

菌菇通常會從塊狀的菌床發芽，因此在配置的時候，可以一邊想像長出來的模樣，一邊鋪菌床。

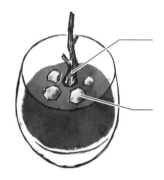

不要把塊狀菌床放在漂流木（下一個步驟）下面。

放漂流木的時候，不妨想像菌菇從木頭根部長出來的樣子。

4 放上苔蘚與漂流木

切掉一些苔蘚咖啡色的部分。咖啡色的部分具有保水力，所以還是要稍微留下一點。

直接把苔蘚放在菌床上。注意不要傷到菌床，輕輕地放上去就好了。

埋入漂流木。漂流木用放的很容易傾倒，要稍微埋進苔蘚或菌床裡。

5 用噴霧器噴水

大功告成！

只要稍微噴濕苔蘚的表面即可。

HOW TO CARE
日常照顧方式

請留意濕度與溫度,只要濕度、溫度管理得當,就能長出
可愛的菌菇!

澆水的方法、濕度的管理

生態瓶需要用噴霧來澆水,以免苔蘚乾枯。
不過水分過多的話,菌床會腐爛,要特別注意。

苔蘚是生態瓶的濕度指標
可以用苔蘚判斷乾燥程度

OK

NG

NG

苔蘚保持在濕潤的狀態　　　　苔蘚太乾了　　　　　　　水都積在底部

蓋上蓋子比較能保持適當的濕度。如果沒有蓋子,可
以將透明塑膠片剪成容器開口的形狀,當成蓋子使用
(如圖①、②)。如果用的是無法蓋蓋子的盆栽等,也
可以把小型水槽倒過來,當成遮罩使用(如圖③)。

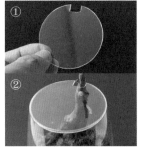

生長溫度

保持好濕度後,我們可以把生態瓶放在明亮又不會直射到太陽的地方。
一旦氣溫合適,菌菇就會長出來。

菌菇長
出來了!

金毛鱗傘	15〜20度(大約在11月以後)
秀珍菇	10〜16度(大約在12月以後)
金針菇	7〜15度(大約在12月以後)
滑菇	6〜12度(大約在1〜2月)

※即使是同一種菌菇,也分成早生、中生、晚生等,適合的溫度依品種而異。
※詳情請參照p.10。

HOW TO CARE
菌菇長出後該如何照顧

菌菇平安無事長出來之後該如何照顧呢？以下就為各位介紹照顧方式。只要掌握一點技巧，就能培養出漂亮的形狀。

以金針菇為例

第1天　金針菇冒出頭來了！

菌菇對二氧化碳的濃度很敏感，如果空氣不夠流通，就會長得軟弱無力。因此每天必須打開蓋子一次，引入新鮮空氣。這時再稍微噴點水，還能藉由噴霧的力道有效逼出沉澱在容器下方的二氧化碳。

第3～5天　不知不覺愈長愈大！

金針菇還沒長大的狀態稱為幼菌，會朝光源的方向生長。如果光線太微弱，就容易長得太長，所以要照射強烈的光線。不妨利用專門培育植物的LED燈或檯燈等照明工具。

大約第7天　長成挺拔的金針菇

蕈傘張開，菌菇成熟，這時稱為成菌。這個時候孢子會開始掉落，苔蘚的表面也會因為孢子而變白（以金針菇為例）。要是放著不管的話會滋生黴菌（如右圖），所以請用噴霧器強勁地噴水，沖走孢子與黴菌。

附著在苔蘚表面的孢子

菌菇的生長速度會因為氣溫而產生很大的差異，請盡量保存在12~18度的條件下。生長速度也會依菌菇的種類而異。

第10~12天　變成咖啡色了……

金針菇的壽命很短，從這時候開始就會逐漸變成垂頭喪氣的狀態。

POINT！

接下來只會變得愈來愈憔悴，不妨趁這個時機摘掉。

大約第14天　完全枯萎了

可以用鑷子從根部完整地摘掉枯萎的金針菇，萬一沒摘除乾淨會滋生黴菌。

約1個月

跟長出金針菇之前一樣，
用噴霧器噴水，讓苔蘚保持在濕潤的狀態。

如果菌床、菌種、段木還有餘力，
還可以長出第二次、第三次金針菇。

如果是像初級篇的製作範例No.1（p.18~19），
因為菌床量比較少，基本上只會長出一次，必須從頭來過。

有時一個冬天可以長出5次！

右圖是以白秀珍菇的菌種製作而成的菌菇生態瓶。
只要菌種的量夠多，還有能量，菌菇就能長好幾次，像這個生態瓶居然在一個冬天長出了5次。如果想增加長出菌菇的次數，就要選擇可以讓菌床有足夠空間發展的容器，比較容易成功。

掌中蘑菇

菌菇種類：滑菇

可以比照p.12～14〈基本作法〉來製作。即使是這麼小巧的容器，也能長出挺拔的菌菇喔！不妨將讓自己怦然心動的容器，做成菌菇生態瓶吧。

要準備的東西

- 容器　1個　〈尺寸〉
  寬90mm × 深70mm × 高40mm

- 苔蘚（灰苔）適量

- 菌床（滑菇）適量

- 小型水槽（保濕用）

- 噴霧器　・湯匙（大）
- 鑷子　・剪刀

POINT!

01　鋪設菌床時

中央隆起

適度搗碎滑菇的菌床，也可以全部搗得碎碎的。

用湯匙舀起菌床，以按壓的方式在容器中塞緊，但也不要壓得太緊。

把菌床從周圍往中間隆起，就能形塑成山丘般的可愛模樣。

02　濕度管理

如果容器不能蓋上蓋子，不妨將小型水槽等倒過來罩住，也能發揮保濕的效果。

快點長出來吧～

也可以放上
小玩偶當裝飾

19

菌菇盆栽（金針菇）

菌菇種類：金針菇

只須一個和風容器，就能完成一幅盆栽造景。整體雖然迷你，卻能完全聚焦在金針菇獨特的外型和氛圍上，充滿存在感。

要準備的東西

・容器　1個　〈尺寸〉
　　　　　　直徑60mm × 高40mm

・玻璃罩（保濕用）

・苔蘚（灰苔）　適量

・菌種（金針菇）　適量

・噴霧器　　・湯匙（大）

・鑷子　　　・剪刀

POINT!

01　如何種得小巧玲瓏

範例①是用菌床，範例②則是使用菌種。②的大小比較像盆栽，也比較有意境，所以建議各位可以種得小巧玲瓏一些。

相較於菌床，菌種可以種出比較小的菌菇。菌床與菌種的不同請參照p.9。

02　放上小石頭，增加盆栽感

為了讓石頭與蒼翠的苔蘚形成鮮艷的對比，最好選擇顏色比較深的石頭。此外，避開中心、在外側擺上小石頭，就能更加突顯出菌菇是主角。

濕度管理

可以使用玻璃罩來保濕。

太空船菇菇號

菌菇種類：金針菇

我在陶器市集發現了形狀獨特的容器，就想到可以用來製作菌菇生態瓶。菌菇長出來的樣子跟容器相得益彰，構成了非常可愛的作品。

要準備的東西

· 容器　1個　〈尺寸〉
　　　　　　　寬115mm × 深115mm × 高85mm

· 苔蘚（灰苔）　適量

· 菌床（金針菇）　適量

· 小型水槽（保濕用）

· 噴霧器　· 湯匙（大）

· 鑷子　· 剪刀

POINT!

01　容器與菌菇的比例很重要

我曾試著用相同容器，改種個頭比較壯碩的滑菇，結果發現菌菇長得比容器還大，不太好看。

菌菇的大小、形狀

※ 大小、形狀會依生長環境而有差異。

4〜5cm

蕈傘

蕈柄

蕈環

滑菇

柄比較粗，個頭比較矮，看起來很穩重。

2〜3cm

金針菇

柄比較細，蕈傘的表面非常光滑，看起來十分纖瘦。

02　修剪長得太茂盛的菌菇

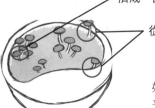

擠成一團的菌菇

從邊緣長出來的菌菇

如果長出太多菌菇，或是從出乎意料的地方長出來，可以修剪一下，會清爽許多。

濕度管理

把小型水槽倒過來，當成遮罩來保濕。

菌菇山丘

菌菇種類：金針菇

在盤子等容器裡，把菌床堆成小山的形狀。只要注意別讓苔蘚乾掉，也能利用平坦的容器發揮創意。

要準備的東西

・容器　1個　〈尺寸〉
　　　　　　寬240mm × 深80mm × 高20mm

・苔蘚（灰苔）　適量

・菌床（金針菇）　適量

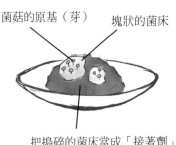

・小型水槽（保濕用）

・噴霧器　　・湯匙（大）

・鑷子　　　・剪刀

POINT !

01　注意不要讓苔蘚乾掉

① 　　　②

苔蘚在比較深的容器（①）露出的面積比較少，所以水分比較不容易蒸發；但如果是②這種像盤子一樣的容器，就比較容易乾燥，必須特別留意不要讓它乾掉。可以提高噴水的頻率，也可以採取如p.19、21、23所示的濕度管理。

02　使用已經開始發芽的部分

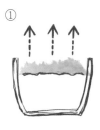

如果菌床是12月以後才買的，有些可能已經發芽了。不妨使用已經有原基（芽）的部分，就能讓菌菇更快長出來。

菌菇的原基（芽）　　塊狀的菌床

把搗碎的菌床當成「接著劑」來塑形。

初級篇

範　例

No.05

桌上菌菇造景

菌菇種類：金針菇

這款菌菇生態瓶使用了容量只有15ml左右的小容器。各位不妨直接拿廚房裡現有的小容器來做，擺在餐桌上就能在生活中觀察菌菇的成長。

要準備的東西

・喜歡的容器　1個

寬60mm × 深40mm
× 高60mm

寬65mm × 深30mm
× 高40mm

寬80mm × 深55mm
× 高30mm

・苔蘚（灰苔）適量

・菌床（金針菇）適量

・小型水槽（保濕用）

・噴霧器　　・湯匙（大）

・鑷子　　　・剪刀

POINT!

01　把塊狀的菌床擺在中間

用搗碎的菌床填
滿空隙

2cm左右的塊
狀菌床

金針菇多半是從塊狀的菌床發芽
的。我們只要拿塊狀的菌床當作核
心，再用搗碎的菌床填滿周圍的空
隙，就能順利地發芽。

02　也可以用大型保鮮盒來保濕

如果完全密封，空氣會不流通，因
此平常要預留空隙。一些保存麵包
的盒子等本來就不是密封的構造，
剛好可以拿來利用。

菌菇草原

菌菇種類：金針菇

製作時不妨想像風停雨靜、天清氣朗的隔天，菌菇們不約而同地紛紛探出頭來，分布在一片綠意盎然的苔蘚草原上。

要準備的東西

- 玻璃杯　1個〈尺寸〉
  寬280mm × 深85mm × 高175mm

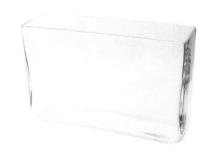

- 苔蘚（灰苔）　適量

- 菌床（金針菇）　適量

　　　　・噴霧器　　・湯匙（大）　　・鑷子　　・剪刀

POINT!

01　製作前先決定好主題

從容器的形狀決定好主題，不妨嘗試表現出「有如剪下一片無垠無涯的廣漠草原」的感覺。

雖然想放入各種不同的苔蘚，但簡單鋪上一整片相同的苔蘚，感覺比較有一致性，更能給人「一望無際」的感覺。

02　如果希望菌菇重複長出好幾次

像範例這樣容器比較大的時候，使用的菌床量就比較多，可以期待長出好幾次（2～3次）菌菇，因此菌菇枯萎後，請仔細地從根部摘乾淨（參照p.17）。

菌菇木椿

菌菇種類：滑菇

自己製作菌菇容器，就可以為作品增添變化。這裡使用到的木椿，是先鋸短圓木，再用電鑽在橫切面鑿出一個凹槽。完成品就像把菌菇種在木椿上。

STEP UP!
必須使用工具
加工的範例

要準備的東西

・圓木（直徑5～7cm左右）

・苔蘚（曲尾苔） 適量

・菌床（滑菇）適量

・展示盒（保濕用）
〈尺寸〉直徑100mm × 高180mm

・電鑽

・防水膠（填縫劑）

・木工用鑽頭 直徑18mm

・噴霧器 ・湯匙（大）

・鑷子 ・剪刀

POINT!

01 用圓木製作容器

用電鑽在圓木上鑽孔，挖出可以塞滿菌床的槽。直徑約5cm，深3～4cm左右。

在凹槽表面塗上防水用的填縫膠。要均勻地塗滿整個表面，以防止後續菌床乾燥。

02 厚厚地鋪上一層苔蘚

把苔蘚放在木頭上比較容易乾掉，所以要多留一點咖啡色的部分。

利用苔蘚的咖啡色部分儲存水分

將菌床填滿至孔洞的9分滿，這樣比較好配置苔蘚

菌床

剖面圖

菌菇油燈

菌菇種類：金針菇

偶然在雜貨店找到像煤油燈的燭台，就拿來製作菌菇生態瓶。燭台復古的情調與菌菇十分契合。只要讓苔蘚長在漂流木上，即使容器不能使用土壤也沒問題。

STEP UP!
必須使用工具
加工的範例

要準備的東西

- 煤油燈型的燭台　1個
  （參照上一頁的照片）

  〈尺寸〉
  寬200mm × 深100mm × 高380mm

- 苔蘚（白髮苔）適量

- 菌床（金針菇）適量

- 電鑽

- 喜歡的漂流木
  （可以裝進燭台的大小）
  1根

- 木工用鑽頭　直徑18mm

- 噴霧器　　・湯匙（大）
- 鑷子　　　・剪刀

POINT!

01　為漂流木鑽孔，塞入菌床

配合孔洞的形狀切開菌床，也可以用剪刀剪。

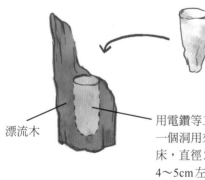

漂流木

用電鑽等工具鑿出一個洞用來塞入菌床，直徑2cm、深4～5cm左右

02　選擇可以在漂流木上生長的苔蘚

我使用的是比較容易在漂流木上生長的白髮苔。配置時只要用水族箱用的接著劑（如左圖）就能輕鬆固定住苔蘚。但塗太多苔蘚會變白，要注意不要塗太多。

菌菇盆栽（金毛鱗傘）

菌菇種類：金毛鱗傘

本篇作法使用到「段木」，也就是把菌菇種在原木上。菌菇巧妙地運用空間，恣意生長的模樣簡直是大自然創造出來的藝術。

段木
的運用範例

要準備的東西

- 容器　1個　〈尺寸〉
  直徑65mm × 高50mm

- 苔蘚（白髮苔）　適量

- 段木（金毛鱗傘）

- 展示盒（保濕用）
  〈尺寸〉直徑100mm × 高180mm

- 土壤（赤玉土）

- 缽底石（輕石）

- 噴霧器　　・湯匙（大）　　・鑷子　　・剪刀

什麼是段木？

在青栲櫟、櫻花樹、麻櫟等闊葉樹的原木種下菌菇的菌種，讓菌菇長滿整塊木頭，這種狀態就稱作段木。

一般用來栽培菌菇的段木都是大型的段木，無法用來製作菌菇生態瓶，因此我們必須自己動手製作超迷你的段木。

段木的作法請參照p.78～81。需要大約半年的時間，所以建議初學者直接用買的（參照p.94～95下方所示）。

如果採取利用菌床栽培的方法，菌菇會撥開土壤或苔蘚長出來，所以有時蕈傘的形狀會歪七扭八的。但用段木栽培的方法，菌菇是直接從原木上長出來，形狀就會很漂亮。

使用段木的作法

1 在容器裡放入少許缽底石

在底部鋪滿缽底石。
如果容器比較小，請選用細小的缽底石。

2 放上段木

放入時要考慮段木與容器的比例。

3 放入赤玉土

在段木的周圍放入赤玉土。請預留種植苔蘚的空間。

4 用苔蘚做裝飾

用鑷子夾住苔蘚根部的咖啡色部分，塞進事先預留的空間裡，植入苔蘚。

側面的剖面圖

事先預留種入苔蘚的空間

段木

埋進赤玉土中，讓段木露出半截即可

赤玉土

缽底石

注意！

作業的時候要一邊用噴霧器噴水，以免段木乾燥。放入赤玉土的時候也要邊打濕土壤邊進行。噴濕到段木變色即可。

大功告成！

利用「段木」
觀賞菌菇絕美的姿態！

玻璃容器（遮罩）尺寸：直徑 100mm × 高 180mm　菌菇：白秀珍菇　苔蘚：梨蒴珠苔

試管菌菇

菌菇種類：金針菇

這是用直徑 2.5cm、長 8cm 左右的極小段木製作而成。菌菇會從段木的上方、中央、下方長出來，呈現出立體的風貌。

段 木
的運用範例

要準備的東西

・容器　1個

〈尺寸〉
直徑60mm × 高200mm

・苔蘚　適量

白髮苔

檜苔

・段木（金針菇）

大小可以放入
容器的段木
1根

・土壤（赤玉土）

・缽底石（輕石）

・噴霧器　　・湯匙（大）　　・鑷子　　・剪刀

請參考 p.34～37「段木的運用範例」的要領來製作。

POINT!

01　長型容器可為外觀製造高低差

正面視角的剖面圖　　　側面視角的剖面圖

將比較高的檜苔配置
在後方

將比較矮的白髮苔配
置在前方

倒入土壤時，要使後面
高一點、前面低一點

為苔蘚製造出高低差，可以讓外觀
看起來更立體、更好看，使用長型
容器時可以特別留意這一點。把高
低差拉大到讓人覺得有點極端，完
成品反而會很美。

菌菇的拍攝技巧

拍攝玻璃生態瓶時，是否也曾覺得「中間好暗，畫面好模糊」、「玻璃會反光，看不到裡面」？

凶手就是玻璃反光

拍攝菌菇時最常遇到的狀況，無非是因為玻璃反光，導致光線照不到容器裡，而使裡面比外面暗。玻璃表面也因為反光而變得白白亮亮的，看不清楚裡面的樣子，真的很難拍得好看。

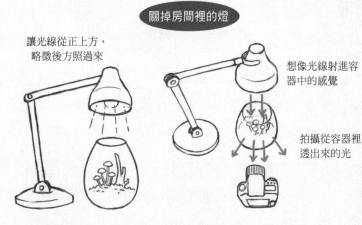

祕訣就是「外面暗，裡面亮」！

直接說結論，只要「外面暗，裡面亮」就能拍得很漂亮。那要怎麼做才能讓「外面暗，裡面亮」呢？以下就為各位介紹拍攝的技巧。

☞ 在夜晚拍攝，並關掉室內燈光

首先，只要關掉房間裡的燈，在晚上拍攝，就能得到「外面暗」的效果。但如果只能在白天拍攝，可以拉上窗簾，關掉房間裡的燈。當然，光是這樣太暗了，什麼也拍不出來，所以接下來要讓「裡面亮」。

☞ 利用檯燈照明

利用檯燈或專門用來培育植物的LED燈，讓光線從容器的正上方（略微後方）照過來。想像光線射進容器中的感覺。建議各位只用一盞燈，如此一來就能盡量減少多餘的光線。

關掉房間裡的燈

讓光線從正上方、略微後方照過來

想像光線射進容器中的感覺

拍攝從容器裡透出來的光

由於外側比較暗，玻璃就不會反光，照進容器裡的燈光也會透出來。用這個方式拍攝，就能把玻璃瓶裡面拍得非常明亮，菌菇也活靈活現。

享受中型器皿的菌菇世界

掌握了培養菌菇所需的基本知識及技巧，就可以開始挑戰可以活久一點的菌菇，或者讓外觀更吸引人！

只要使用大一點的容器，多種下一點菌床或菌種，就能讓菌菇反覆生長好幾次。此外，藉由長時間培養，讓苔蘚處於茂密如茵的狀態，就能創造出饒富趣味的景觀。

純白美菇生態瓶

菌菇種類：白秀珍菇

白秀珍菇其實就是秀珍菇的白色品種，純白的顏色美得令人屏息。這類菌也比較耐雜菌，而且只要條件許可，就有機會長出好幾次，這點也很吸引人。以下要介紹的這個範例，一個冬天就能長出五次。

要準備的東西

・容器　1個

〈尺寸〉
寬100mm×
深100mm×
高286mm

・苔蘚　適量

灰苔

曲尾苔

・菌種（白秀珍菇）　適量

・玻璃瓶（大小要可以放進容器裡，裡頭塞滿菌種）

〈容量〉180ml

・土壤

赤玉土

泥炭土

・缽底石（輕石）

・喜歡的漂流木（大小要可以放進容器裡）　1根

・噴霧器　・湯匙（大）　・鑷子　・剪刀

作法

1 仔細洗淨容器及道具

用廚房專用清潔劑仔細地洗乾淨玻璃瓶、湯匙、鑷子等工具。

2 在玻璃瓶裡塞滿菌種

將菌種搗碎到2～3mm左右，以按壓固定的方式裝入玻璃瓶，整個塞滿到瓶口。

3 把塞滿菌種的玻璃瓶放進容器裡，並鋪滿缽底石

把塞滿菌種的玻璃瓶放進容器裡。

鋪上4～5cm的缽底石，小心不要壓到菌種。

4 倒入赤玉土

倒入赤玉土，直到看不見裡面的玻璃瓶為止。鋪赤玉土時建議斜斜地往後做出坡度，完成品的視覺效果就會很好看。

注意！

要一面用噴霧器噴濕，一面放入赤玉土。噴到赤玉土變色即可。

POINT！

建議事先放入缽底石，如此一來即使不小心澆太多水，多餘的水也會流到容器底部。

請不要埋得太深！

↕ 蓋過瓶子即可（1cm左右）

5 鋪上泥炭土與赤玉土的混合土壤

先以1：1的比例混合泥炭土與赤玉土。

在4的上方鋪上大約1～2cm的土壤。

POINT！

混入泥炭土可以提升保水力，有助於苔蘚的生長。

6 放上苔蘚及漂流木

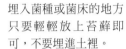
漂流木

在配置的時候，想像從上方俯瞰容器時，有一條對角線，就能製造出動態的視覺效果。

將比較長的苔蘚配置在後方
〈例〉
檜苔、曲尾苔、梨蒴珠苔等。

檜苔

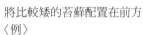

曲尾苔

埋入菌種或菌床的地方只要輕輕放上苔蘚即可，不要埋進土裡。

將比較矮的苔蘚配置在前方
〈例〉
白髮苔、灰苔等。梨蒴珠苔適合放在中間，但只要剪短一點，也可以用於前方。

白髮苔

灰苔

梨蒴珠苔

種植苔蘚時的重點

稍微留下一點苔蘚的咖啡色部分，再剪掉多餘部分。咖啡色的部分具有保水力，所以不要全部剪掉。

苔蘚會在自然界形成菌落（colony），種植的時候也盡可能不要破壞菌落，就能生長得很自然。

把白髮苔或梨蒴珠苔壓進土壤裡，使其與土壤緊密結合（①），再用鑷子把幾棵個頭比較高的檜苔或曲尾苔插進土壤裡（②）。

日常照顧方式

菌菇對濕度、溫度與光照的反應很敏感。為了培養出形狀
姣好的菌菇，必須好好管理濕度、溫度與光照。

澆水方式、濕度管理

苔蘚可以作為顯示乾燥程度
的指標

請以噴霧的方式澆水，可以避免苔蘚乾枯。
不過水分過多的話，菌床也會腐爛，要特別注意。

苔蘚保持在濕潤的狀態

苔蘚乾枯了

如果澆太多水，水就會積在底部

基本上為了保持合宜的濕度，我們要蓋上容器的蓋子，但最好稍微留點縫隙
換氣，才能培養出形狀姣好的菌菇。

菌菇類對二氧化碳的濃度
很敏感，如果空氣不夠流
通，會長得軟弱無力（太
過細長）。

①

② ③

可以為蓋子貼上緩衝橡膠（①）
預留一點空隙，以便換氣（②、
③）。

為了維持足夠的濕度，同時還能換氣，不妨提高噴霧的頻率，
一次只噴一點水。

〈噴霧的頻率〉
1天1次
房間裡太乾燥的時候
1天2次（早晚）

園藝用噴霧器

化妝用噴瓶

園藝用的大型噴霧器含水量較多，很容易一次噴太
多水，要特別留意。建議各位使用化妝用的噴瓶，
可以噴出細緻的水霧，水量也不會太多。

光照管理

為了培養出形狀姣好的菌菇，需要提供充足的光源，但要避免太陽直射。最好放在不會直接曬到太陽的明亮窗邊等。光線的強弱、日照時數會隨季節而異，所以不是很容易管理。

最近市面上有專門用來培育植物的 LED 燈等，只要使用這些燈光，就能輕鬆調整光線強弱，隨心所欲將菌菇擺放在任何地方。

如果光線太弱，菌菇就會長得細長軟弱，也就是所謂的豆芽菜狀態。

生長溫度

只要維持好濕度，一旦來到適宜的氣溫，菌菇就會長出來。

金毛鱗傘	15〜20度（大約在 11月以後）
秀珍菇	10〜16度（大約在 12月以後）
金針菇	7〜15度（大約在 12月以後）
滑菇	6〜12度（大約在 1〜2月）

※ 即使是同一種菌菇，也分成早生、中生、晚生等，適合的溫度依品種而異。
※ 詳情請參照 p.10。

POINT！　促使菌菇冒出頭的關鍵在於「溫差」

自然界一到秋天，早晚的溫差變大，菌菇就會因為溫差察覺到季節變化，進而長出子實體（菇）。用來製作菌菇生態瓶的菇類幾乎都在秋〜冬之際生長，可見主要是受到溫差的刺激。如果室內每天都開著空調，維持恆溫的話，就可能會長不出來，所以請放在窗邊或玄關等晝夜溫差大的地方，有利於菌菇冒出頭。

矮胖菇瓶

菌菇種類：滑菇

滑菇矮矮胖胖的體型可愛極了。選擇容器的時候，建議去配合菌菇的形象，就能塑造出整體感。

要準備的東西

- 喜歡的容器　1個
  〈參考尺寸〉
  寬200mm × 深200mm × 高200mm

- 苔蘚（灰苔）適量

- 菌床
  （滑菇）
  適量

- 玻璃瓶（大小可以放進容器
  裡，裡頭塞滿菌床）
  〈容量〉100ml

- 土壤

赤玉土　　　　　泥炭土

- 鉢底石（輕石）

- 喜歡的漂流木（大小可以放入容器）
  1根

- 噴霧器　　・湯匙（大）　　・鑷子　　・剪刀

POINT!

01　如何選擇塞菌床的瓶子

① ②

請配合容器的形狀、大小選擇用來塞滿菌床的玻璃瓶（①），容量大約60～180ml。也可以使用小的密封罐（②）。

02　個頭嬌小的滑菇很容易掌控

滑菇的個頭比秀珍菇或金毛鱗傘矮小，很適合用來製作不想要長太高的生態瓶。使用形狀矮胖的容器，空氣容易沉積在底部，菌菇就不會長得太長。

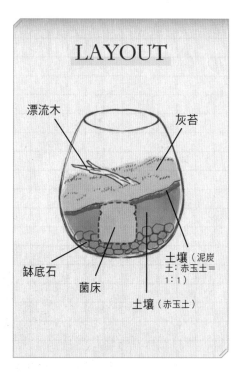

LAYOUT

漂流木
灰苔
鉢底石
菌床
土壤（泥炭土：赤玉土＝1：1）
土壤（赤玉土）

燒杯菇

菌菇種類：金毛鱗傘

用上實驗器材的玻璃燒杯，就容易散發出一股理化課的氣氛。請選擇開口比較大的容器，方便作業。

要準備的東西

- 喜歡的容器　1個
  〈參考的尺寸〉
  寬105mm × 深98mm × 高175mm

- 苔蘚　適量

灰苔

檜苔

- 菌種（金毛鱗傘）適量

- 玻璃瓶（大小可以放進容器裡，裡頭塞滿菌種）
  〈容量〉75ml

- 土壤

赤玉土

泥炭土

- 缽底石（輕石）

- 喜歡的漂流木（大小可以放入容器）
  1根

- 噴霧器　・湯匙（大）　・鑷子　・剪刀

POINT!

01　觀察金毛鱗傘的幼菌！

金毛鱗傘的幼菌長得很可愛，有一頭刺。幼菌只有短短的2～3天左右，很快就會變成成菌。可以觀察到這個珍貴的瞬間也是菌菇生態瓶的魅力之一。

02　小心不要讓倒刺勾到苔蘚

金毛鱗傘的特色在於蕈傘會長出倒刺，所以埋下菌種的位置最好只鋪上一層薄薄的苔蘚，以免長出倒刺的時候勾住苔蘚，從而傷害到菇。

埋下菌種的區域

LAYOUT

檜苔
漂流木
灰苔
土壤（泥炭土：赤玉土＝1：1）
缽底石
菌種
土壤（赤玉土）

菌菇木椿〔大〕

菌菇種類：滑菇

這個範例是拿真正的圓木挖洞，做成「木椿型盆栽」。把菌床埋進本來
應該放入花盆的空間，完成品就像剪下一方山中的風景。

要準備的東西

- 水槽　1個
  〈參考尺寸〉
  寬250mm × 深250mm × 高250mm

- 苔蘚　適量

  曲尾苔　　　白髮苔

- 菌床（滑菇）適量

- 木椿型盆栽
  （大小可以放進水槽）

- 土壤

  赤玉土　　　泥炭土

- 缽底石（輕石）

- 玻璃瓶（大小可以放進盆栽，
  裡頭塞滿菌床）
  〈容量〉100ml

- 噴霧器　・湯匙（大）　・鑷子　・剪刀

POINT!

01　利用木椿型盆栽

可以直接利用市售的木椿型盆栽，上頭已經事先挖好用來埋進花盆的洞。把菌床瓶放進洞裡即可。

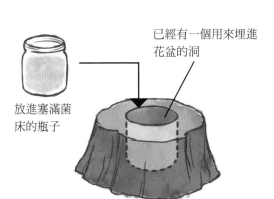

已經有一個用來埋進花盆的洞

放進塞滿菌床的瓶子

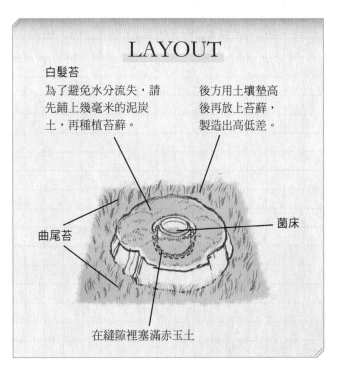

LAYOUT

白髮苔
為了避免水分流失，請先鋪上幾毫米的泥炭土，再種植苔蘚。

後方用土壤墊高後再放上苔蘚，製造出高低差。

曲尾苔

菌床

在縫隙裡塞滿赤玉土

菌菇之家

菌菇種類：金針菇

只要在配置的時候將中央墊高，創造些許高低差，就能讓每個角度看起來都很完美。容器的風格與菌菇的存在感已經很強烈了，做得簡單點反而更能吸引目光。

段木
的運用範例

中級篇

要準備的東西

- 玻璃飼育箱　1個
  〈參考尺寸〉
  寬217mm × 深133mm × 高217mm

- 苔蘚　適量

曲尾苔

檜苔

- 段木（金針菇）

- 土壤

赤玉土

泥炭土

- 缽底石（輕石）

- 噴霧器　　・湯匙（大）

- 鑷子　　　・剪刀

POINT!

01　不知道菌菇會從哪裡長出來

基本上，菌菇通常會從橫切面長出來，但無從得知會從哪裡長出幾根，所以配置的時候建議不要事先決定好前後，設計成不管從哪個角度來看都很完美的樣子。

LAYOUT

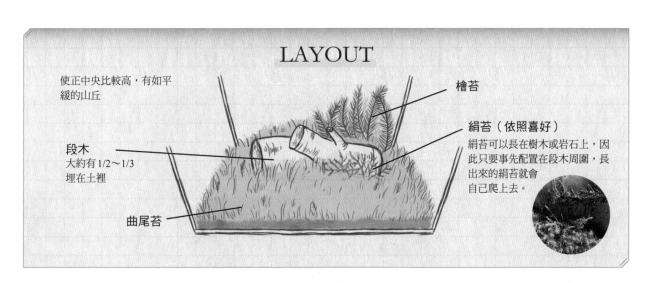

使正中央比較高，有如平緩的山丘

檜苔

段木
大約有1/2～1/3
埋在土裡

絹苔（依照喜好）
絹苔可以長在樹木或岩石上，因此只要事先配置在段木周圍，長出來的絹苔就會自己爬上去。

曲尾苔

菌菇曲線瓶

菌菇種類：金毛鱗傘

這個範例是用懸掛式花瓶來製作。朝向瓶中伸展的菌菇勾勒出美麗的曲線。我刻意將段木的橫切面朝右後方配置，更強調出曲線美。

中級篇
範　例
No.05

段　木
的運用範例

要準備的東西

- 懸掛式花瓶　1個
  〈參考尺寸〉
  寬140mm × 深130mm × 高260mm

- 苔蘚　適量

- 段木（金毛鱗傘）

白髮苔

梨蒴珠苔

- 土壤

- 缽底石（輕石）

- 石頭（黃虎石）

赤玉土　泥炭土

- 噴霧器　・湯匙（大）　・鑷子　・剪刀

POINT!

01　使用水草造景用的石頭

使用水族箱水草造景用的石頭（黃虎石），並用石頭製造出高低差，可以為外觀增加變化。建議使用與菌菇同色系的石頭，帶出整體感。

02　突顯出菌菇的曲線美

菌菇多半會從段木的橫切面長出來；而為了讓孢子有效率地到處飛散，菌菇的特性是會在寬敞的空間恣意生長。因此我特意將段木的橫切面朝瓶壁擺放，讓菌菇生長的時候盡可能呈現出曲線美。

圓滾滾菌菇瓶

菌菇種類：白秀珍菇

只要經常為秀珍菇換氣、種在開放的容器裡，就可以培養出優美的形狀。不過這麼一來也容易乾掉，不好照顧，所以難度很高。逐漸熟悉菌菇生態瓶的讀者請務必挑戰看看。

段 木
的運用範例

要準備的東西

- 懸掛式花瓶　1個
  〈參考尺寸〉
  寬165mm × 深160mm × 高185mm
- 苔蘚　適量

砂苔

灰苔

- 段木（白秀珍菇）

- 土壤

赤玉土

泥炭土

- 缽底石（輕石）

- 噴霧器　　・湯匙（大）
- 鑷子　　　・剪刀

POINT!

01　秀珍菇建議用開放式容器製作

秀珍菇對二氧化碳的濃度很敏感，如果二氧化碳的濃度太高，就可能會長得太長或奇形怪狀。而改培養在開放式容器裡，就能養出傘柄較短、形狀圓潤可愛的秀珍菇。只不過開放式容器很容易乾燥，苔蘚建議選用耐乾燥的品種。這個範例用到的是砂苔、灰苔。

02　開放式容器要注意濕度管理

如果是開放式的容器，必須頻繁地用噴霧器噴水，以保持濕度。至少早晚要各噴一次；如果這樣還無法保持濕度（苔蘚呈現蜷縮起來的狀態），不妨用塑膠片（如圖）或保鮮膜封住開口的部分。

菌菇盆栽〔大〕

菌菇種類：金毛鱗傘

這個菌菇盆栽使用到比較大的段木（寬150mm × 深70mm × 高120mm）。大的段木可以長出迫力十足又挺拔的菌菇，並出現好幾次，如此就能長時間欣賞了。

段　木
的運用範例

中級篇

要準備的東西

- 喜歡的容器　1個
  〈參考尺寸〉
  寬150mm × 深150mm × 高65mm

- 苔蘚（白髮苔）　適量

- 段木　（金毛鱗傘）

- 中型水槽（保濕用）
  〈參考尺寸〉
  寬250mm × 深200mm × 高290mm

- 土壤

赤玉土

泥炭土

- 鉢底石（輕石）

- 噴霧器　　・湯匙（大）　　・鑷子　　・剪刀

POINT!

01　金毛鱗傘適合做成盆栽

相對於滑菇和金針菇，金毛鱗傘在濕度比較低的狀態下也能長出來，因此很適合做成比較容易乾燥的盆栽。

02　大段木比較穩定，可能長出多次菌菇

菌菇一個冬天通常能長出 2～3 次，但如果段木太小，長出第二次以後幾乎只能再長出少許迷你的菌菇。但像這個範例大小的段木，第二次、第三次也能長出非常挺拔的菌菇。

長出第1次
2018年11月27日

長出第2次
2019年2月11日

長出第3次
2019年4月6日

水滴裡的菌菇

菌菇種類：金針菇

這個範例需要對設置菌床多下一點功夫。在容器的選擇上，會比p.42那種在容器中使用玻璃瓶的方法更自由，而且很容易就能交換菌床，所以在重新種植菌菇的時候不需要整個乾坤大挪移。

要準備的東西

- ·喜歡的容器　1個
  〈參考尺寸〉
  寬125mm × 深125mm × 高180mm

- ·錫箔紙

- ·喜歡的漂流木（大小可以
  放入容器）1根

- ·苔蘚（梨蒴珠苔）適量

- ·土壤

赤玉土　　　　泥炭土

- ·菌床
  （金針菇）
  適量

- ·鉢底石（輕石）

- ·噴霧器　·湯匙（大）　·鑷子　·剪刀

使用錫箔紙的方法

作法在 下一頁 ▶

在容器中使用玻璃瓶的方法，一來可以用上大量的菌床，二來便於處理，但就需要比較大的空間設置，在容器的利用上容易受到限制。相較之下，錫箔紙能自由調整菌床的大小和形狀，可以更自由地選擇容器。這種方法很適合金針菇，它的菌床不容易搗碎，而且只需少許菌床就能長出來。

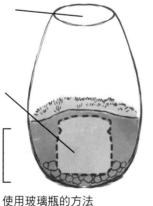

如果開口不夠
大，就無法裝進
玻璃瓶

在玻璃瓶裡塞滿
菌床

需要比較大
的空間

使用玻璃瓶的方法

就算開口不大也能
設置菌床

包在錫箔紙裡
的菌床

可以讓菌菇
有更大的空
間生長

使用錫箔紙的方法

使用錫箔紙的作法

1 把菌床切成塊狀

將菌床切成4～5cm大小的塊狀，
不要切得太碎。也可以用剪刀剪。

POINT！

有些菌菇在菌床的階段就
已經長出原基（芽）了，
這時只要使用這個部分，
就能快速長出菌菇。

2 用錫箔紙把菌床包起來

用錫箔紙把切成塊狀的菌床包起來。

讓菌菇的原基處於露出來的狀態。

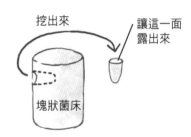

挖出來

讓這一面
露出來

塊狀菌床

如果使用的是還沒長出原基的
菌床，不妨露出在菌床階段相
當於側面的部分。

3 放上土壤及苔蘚

梨蒴珠苔在自然界會形成圓圓一團的菌落，在
配置時請可以在腦中想像、構思。

放上土壤及苔蘚時，請先預留植入
菌床的空間。

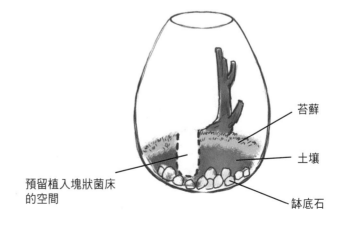

苔蘚

土壤

預留植入塊狀菌床
的空間

缽底石

4 植入塊狀菌床

把用錫箔紙包起來的塊狀菌床，
放進事先預留的空間裡。

菌床朝上的面要設置得比苔蘚稍微
低矮一點。

5 在菌床上鋪上薄薄一層苔蘚

這個瞬間真令
人難以抗拒！

在菌床上鋪上薄薄一層苔蘚，好
讓菌菇更容易長出來。

等菌菇長完一輪再換上新菌床

等到菌菇長出來又枯萎後，可以換掉菌床，再欣賞
一次重新長出來的菌菇。
菌床不大，所以很容易替換。只不過因為菌床的數
量很少，不可能長太多遍。等菌菇長完一輪，請抽
出菌床，再插入新的菌床。

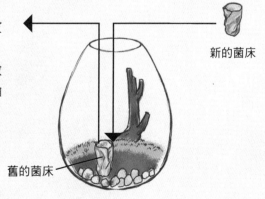

新的菌床

舊的菌床

菌菇保溫杯

菌菇種類：金針菇

培養菌菇要使用形狀、大小順手的容器。只要多下一點功夫，照顧菌菇的工作就會變得很輕鬆；而換上新的菌床，就能拉長欣賞的時間。

要準備的東西

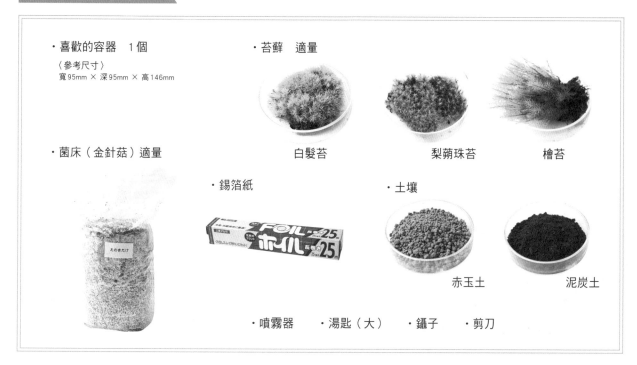

- 喜歡的容器　1個
  〈參考尺寸〉
  寬95mm × 深95mm × 高146mm

- 苔蘚　適量

  白髮苔　　梨蒴珠苔　　檜苔

- 菌床（金針菇）適量

- 錫箔紙

- 土壤

  赤玉土　　泥炭土

- 噴霧器　　・湯匙（大）　　・鑷子　　・剪刀

本篇置入菌床時不是使用玻璃瓶，而是用錫箔紙。作法請參照 p.62～65。

POINT!

01　粗椰纖很好用

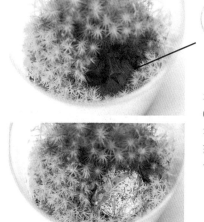

埋入菌床時，不妨用粗椰纖（如圖，塊狀的椰子纖維）填滿縫隙。因為是塊狀，不管塞進去或拿出來都很方便，也不容易腐爛。

02　氣密性高的容器 蓋子要預留空隙

使用氣密性比較高的容器時，最好多下點功夫，用緩衝橡膠類的東西為蓋子預留一點空隙。

非菌菇產季可改養苔蘚生態瓶

用來製作菌菇生態瓶的菌菇,多半是生長於晚秋到冬天的品種,因此春天～夏天並非產季。這段期間我們可以改養苔蘚,製作苔蘚生態瓶,觀察苔蘚生長的過程。

非產季請摘除菌床

如果菌菇生態瓶是用菌床製作,進入非產季後請輕輕地掀開苔蘚,摘除埋在底下的菌床,再把苔蘚放回原位。苔蘚會互相糾纏著生長,所以只要整塊掀起來,動作不要太粗魯,就能恢復原來的狀態。

空瓶
(蓋上蓋子的狀態)非產季的時候不妨埋入空瓶

掀開菌床上的苔蘚　　　摘除舊的菌床　　　把苔蘚放回原位

如果是用段木製作的菌菇生態瓶,不妨留下段木,直到下一個秋冬。如果使用的是比較粗的段木,只要妥善管理,別讓段木乾掉,就連夏天也能長出菌菇。萬一長不出來,建議換上新的段木。

可以維持2～3年

就像這樣,完成一只菌菇生態瓶,就可以欣賞個2、3年。再久的話,苔蘚會長得太茂盛,整體配置也會變得亂七八糟,需要修剪一下或重新製作。

挑戰大型水槽

雖然說是大型水槽，倒也不是用來養熱帶魚的那種寬90公分以上的水槽，而是寬30公分左右的水槽。只要使用約40公分或50公分、有點高度的水槽，就能創造出令人眼睛為之一亮、充滿立體感的景觀。

使用大型水槽，就可以培養多種菌菇。只要搭配好彼此的生長時機，就有機會讓水槽內的菌菇變成欣欣向榮的叢林狀態，請務必挑戰看看。

高級篇

基本作法

菌菇叢林

菌菇種類：白秀珍菇、金毛鱗傘、滑菇、金針菇

段木
的運用範例

一塊段木有可能長出2～3次菌菇，像這個範例在一季就可以欣賞到好幾次。而我們配置的是大型段木，段木本身有很好的續航力，連續2～3年都能長出菌菇，非常迷人。

要準備的東西

- 水槽　1個

　〈參考尺寸〉
　寬300mm × 深300mm × 高500mm

- 菌床（滑菇）　適量

- 玻璃瓶（裡頭塞滿菌種）

　〈容量〉
　100ml

- 喜歡的漂流木　3根左右

- 苔蘚　適量

白髮苔　　　　檜苔　　　　梨蒴珠苔　　　絹苔

- 段木
　白秀珍菇

金毛鱗傘

金針菇

- 蕨類植物

- 土壤

赤玉土　　　　泥炭土

- 缽底石（輕石）

- 噴霧器　　・湯匙（大）　　・鑷子　　・剪刀

製作方法

1 一面想像完成時的模樣 在水槽組裝段木

固定的段木

利用大型段木（固定的段木）來製作展示的基座。盡可能製造出高低落差及凹凸不平，讓外觀更有變化。接下來填入土壤的步驟會抹平這些稜角，所以不妨一開始先讓變化大到近乎誇張的地步。

2 鋪滿缽底石

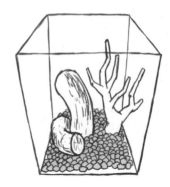

在段木下方與周圍鋪滿缽底石。缽底石是為了確保透氣。填土的時候，後面會堆得高一點，所以缽底石最好也鋪得厚一點。

3 填入土壤，放上漂流木

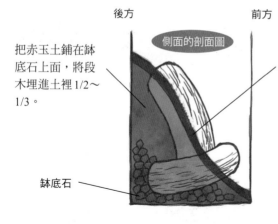

後方 ／ 前方

側面的剖面圖

把赤玉土鋪在缽底石上面，將段木埋進土裡1/2～1/3。

缽底石

在上面鋪上2～3cm泥炭土與赤玉土1：1混合的土壤。

注意！

為了不讓段木乾掉，請邊用噴霧器噴濕邊放進去。噴到段木變色即可。

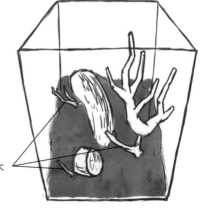

漂流木

放上漂流木的時候要稍微埋進土壤裡，請一邊填入土壤一邊微調段木的位置。

POINT！

鋪好一層一層的土壤，可以提升苔蘚根部的保水性，也能讓多餘的水分流到下層，這樣就能打造出不會積水的分層構造，以免水分過多，導致生長菌菇的段木腐爛。

多餘的水分

4 預留埋入菌床及段木的空間

步驟1～3的大型段木，一旦配置完成就很難再移動，因此必須事先預留一點空間，好能在未來更換菌床瓶或小段木。這樣當菌菇的生長告一段落，我們還能換上新的菌床瓶或小段木，讓新的菌菇長出來。

預留可以更換菌床瓶的空間

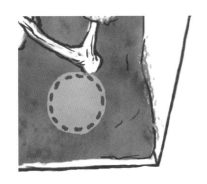

請先留好用來埋入菌床瓶的空間，配置的時候可以先埋入空瓶。

預留可以更換段木的空間

事先預留用來插入小型段木的空間。配置的時候可以先插上粗細適中的樹枝，來預留空間。

5 種植蕨類植物

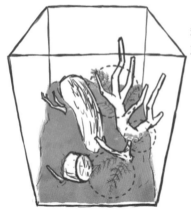

種在漂流木或段木的根部，
就能呈現出自然的感覺。

圓蓋陰石蕨

伏石蕨

詳情請
參照p.87

6 種植苔蘚

在傾斜的表面及段木上，
種植生命力旺盛的絹苔等。

檜苔最好種在下方含水量比
較高的地方。

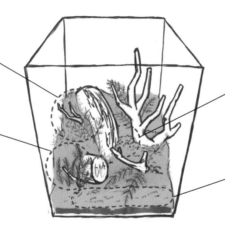

在段木或漂流木的陰影處，
種植即使光線微弱也不容易
長太長的品種，例如梨蒴珠
苔。

前方可以種植個頭比較矮的
白髮苔等。

如何種植苔蘚

把苔蘚種在段木或漂流木上，可以呈現出更自然的感覺。

切碎苔蘚、乾燥的水
苔。

加入泥炭土和水，攪
拌均勻。

塗在漂流木或段木上。

約8個月後，上頭就會長滿苔
蘚，甚至看不見段木。

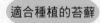

適合種植的苔蘚

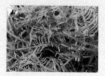

絹苔

水生苔蘚

等等

74

7 將段木或菌床瓶放進預留空間裡

大型的造景需要一點時間讓苔蘚或蕨類長出來，所以最好在9月前後完成6之前的步驟，等到苔蘚或蕨類長出來（10～11月左右），再放上要更換的段木或菌床瓶。

配置後約2個月的狀態

把菌床瓶埋進事先預留的空間裡。

把段木埋進事先預留的空間裡。大約埋到段木1/2～1/3的高度。

日常照顧方式

基本上與中級篇的日常照顧方式一樣。水槽愈大，濕度及溫度等環境變化愈小，照顧起來也愈輕鬆。

從固定段木長出來的白秀珍菇

大型菌菇生態的萬種風情！

從更換的段木長出來的金毛鱗傘

從固定段木長出來的金毛鱗傘（前方），和從固定段木長出來的金針菇（後方）

從菌床瓶長出來的滑菇

從固定段木長出來的金針菇

一口氣全長出來了⋯⋯

如何製作生態瓶的「段木」

所謂段木，就是把菌菇的菌種種在青梅櫟或櫻花樹等原木上（植菌），讓菌菇從原木裡長出來的方法。段木比用菌床培養菌菇更費工，但從原木裡長出來的菌菇不會與土壤或苔蘚互相干涉，可以長成非常漂亮的狀態。

適合作為段木的菌菇種類

耐雜菌的品種比較適合做成段木，例如金毛鱗傘、白秀珍菇，其中又以容易用段木培養的金毛鱗傘更適合。各種菌菇的特性如下表所示。

	對雜菌的耐受度	菌菇生長的速度	長出菌菇的容易度
金毛鱗傘	○	○	◎
白秀珍菇	◎	◎	△
金針菇	△	△	○

製作時期

植菌的作業請在1～3月左右，氣溫比較低的時期進行。如果植菌時混入了黴菌等雜菌，菌菇就會受到雜菌的侵蝕。一般家庭很難在無菌狀態下作業，難免會混入一些雜菌，但只要在雜菌活動力比較低的冬天植菌，就能將混入雜菌的可能性控制在最小範圍內。

此外，菌種在比較低溫的狀態下也能生長，因此這個時期製作也可以讓菌菇比雜菌率先形成菌落，使雜菌沒有入侵的餘地。

氣溫比較高的季節

雜菌比較多
活動力也比較強

氣溫比較低的季節

雜菌比較少
活動力也比較弱

植菌大約需要半年的時間，可以在那一年的秋天配置在玻璃容器裡。

使用樹種

可以把菌菇的菌種種在青栲櫟、櫻花樹等闊葉樹的原木上。適合用來種植菌菇的樹種依菌菇的種類而異，請參考以下範例，準備好原木（販賣原木的地方可參照p.94～95下方所示）。

金毛鱗傘→青栲櫟、山毛櫸、櫻花樹等	白秀珍菇→山毛櫸、白楊木、櫻花樹等
金針菇→朴樹、櫸樹、櫻花樹等	

原木在被砍下後的1個月內最適合用來種植菌菇。超過1個月的話，木頭會變得太乾燥，最好先泡水幾個小時，讓原木吸水後再植菌。

要準備的東西

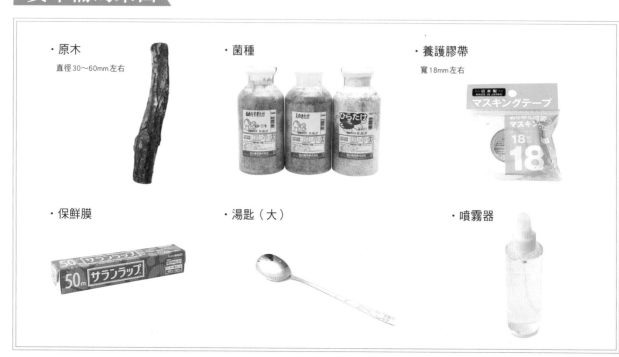

- 原木
  直徑30〜60mm左右

- 菌種

- 養護膠帶
  寬18mm左右

- 保鮮膜

- 湯匙（大）

- 噴霧器

作法

1 將原木裁成10cm左右的長度

想像容器尺寸與完成品的樣子，調整原木的大小。

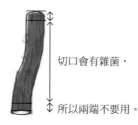

切口會有雜菌，

所以兩端不要用。

切掉5cm左右

POINT！

雜菌會從砍斷的那一瞬間從切口入侵，而且一鋸斷切口木頭就會開始乾燥，所以請在確實要植菌的前一刻再鋸下原木。

2 用湯匙搗碎菌種

用湯匙將菌種搗碎至2〜3mm左右。

3 把菌種放在保鮮膜上，用噴霧器噴濕

攤開保鮮膜，把菌種放在中央，面積要比原木的直徑大2〜3cm。厚約2cm左右。

用噴霧器稍微噴濕。

4 把菌種包在原木上

把原本的切口按在菌種上，讓菌種附著於切口。

用保鮮膜密密實實地包起來。包的時候要用點力，讓菌種緊密貼合原木的切口。

纏上一圈養護膠帶，把保鮮膜固定住。

5 另一頭的切口也要包上菌種

比照3、4的步驟將菌種固定在另一頭的切口上。

兩邊的切口都包上菌種的狀態。

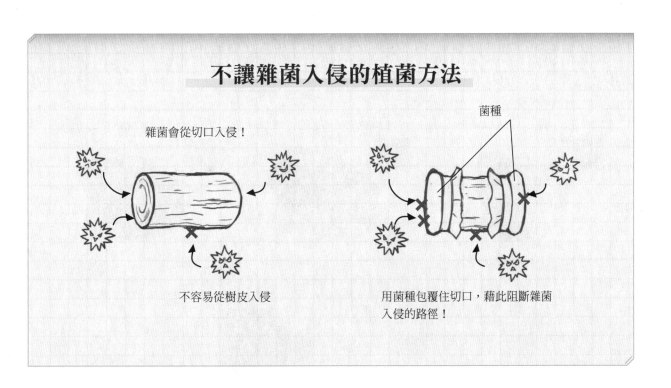

不讓雜菌入侵的植菌方法

雜菌會從切口入侵！

菌種

不容易從樹皮入侵

用菌種包覆住切口，藉此阻斷雜菌入侵的路徑！

日常照顧方式

將段木放進密封容器裡保存約半年，以防止乾燥，並讓菌菇爬滿
整塊原木。

保存方法

放進比較高的密封容器加以保存。

為了讓菌菇得以呼吸，請事先用針在密封
容器的蓋子上戳 1、2 個小洞（1～2mm 左
右）。洞戳太大的話很容易乾燥，還請注意。

放置地點

放在不會直接曝曬到陽光的通風場所加以保存。菌種不耐高溫，所以夏天要盡可能放在陰涼的場所。
最好能放在開冷氣的房間裡；但這樣又很容易乾燥，所以請放在不會直接吹到冷氣的地方。

 約半年後

等到10月左右氣溫開始下降，就可以拆下保鮮膜和菌種，放進玻璃生態瓶。撕開保鮮膜和菌種時，只
要切口布滿白色的菌絲就大功告成了※。

※以金毛鱗傘及白秀珍菇為例。

切口變白是菌絲長得很健康的證
明。

有一些黑黑的部分。如果只像圖
這樣，還是能長出菌菇。

黑色的部分太多了，表示有很多
地方不會長出菌菇。

不過如果是金針菇，就算已經充分植入菌種，也不會變
白，所以很難判斷是不是會順利長出來。

雖然沒有變白，但也成功長出
金針菇了。

自然界的眾多毒菇

自然界有很多美麗至極的菌菇，但其中很多都是毒菇。有些外表長得跟可食用的菌菇差不多，非常危險。如果沒有相關知識，千萬不要隨便摘來吃。

毒光蕈（鱗柄白鵝膏）
Amanita virosa
鵝膏菌科　鵝膏菌屬

又名「毀滅天使」。雪白的外表非常唯美，卻是可怕的毒菇。這是在日本常見的菇類中最毒的一種，據說一朵的毒素就足以毒死一名大人。

毒蠅傘
Amanita muscaria
鵝膏菌科　鵝膏菌屬

具有像是會出現在童話裡的夢幻外表，但有劇毒，會引起精神錯亂、幻覺等。日本的毒蠅傘分布於北海道及本州，但在歐洲是很有名的幸運象徵。

火焰茸
Trichoderma cornu-damae
肉座菌科　木黴菌屬

顧名思義，看起來就像熊熊燃燒的火焰。火焰茸是劇毒的菇類，誤食的死亡率非常高，光是手上沾到汁液就足以讓皮膚發炎，連碰到都很危險。

毒笹子
Paralepistopsis acromelalga
口蘑科　杯傘屬

日本竹林裡有很多這種毒菇。不具備馬上致死的毒性，吃了幾天後才會開始出現症狀，然後痛苦上一整個月。據說吃下毒笹子後，感覺宛如置身地獄。

簇生黃韌傘
Hypholoma fasciculare
球蓋菇科　韌傘屬

味道非常苦的毒菇，吃了會出現嘔吐、腹瀉、腹痛等症狀，也有死亡案例。乍看之下長得很像可食用的金針菇，要特別小心。

⚠️ 日本的菌菇中，也有相當於毒品原料植物的品種，光是栽培、收受、讓渡、持有這些菇類就已經違法了。一旦違反法律，將處以徒刑或易科罰金。

菌菇生態瓶 Q&A

以下以Q&A的形式，為各位整理了日常照顧上會發生的問題及令人在意之處。再奇怪的問題都有原因，所以只要好好地處理，幾乎都能解決。

Q. 苔蘚發黴了⋯⋯該怎麼辦？

A. 請立刻用剪刀和鑷子剪掉發黴的部分。苔蘚本身具有抗菌作用，如果苔蘚本身很健康幾乎不會發黴，發黴就表示苔蘚所處的環境已然惡化。這種時候，請盡量將菌菇生態瓶移到陰涼或明亮的地方。另外，空氣循環夠好也不容易發黴，所以光是在容器的周圍擺放用來冷卻電腦的小型風扇，就能有效抑制發黴。但請避免設置於容器內，以免太過乾燥。

巧妙地利用風扇

Q. 段木發黴了⋯⋯

A. 黴菌與菌菇同屬菌類，因此適合菌菇的環境自然也適合黴菌生長。幸好使用於菌菇生態瓶的菌菇都是適合在相對低溫下生長的品種。只要在黴菌的活動力比較低的秋天以後（建議在20度以下）放上段木，就能防止黴菌產生。一旦超過20度，房間裡就很容易滋生黴菌，也不適合菌菇生長，所以不妨移動到氣溫比較低的環境（建議在18度以下）。再不然設置上述的風扇也是個好辦法。

Q. 菌菇長不出來⋯⋯

A. 菌菇需要適當的溫度才能長出來，適當的溫度依品種而異，請參考p.10來調節溫度。另外，有些秀珍菇需要溫差的刺激才能長出來。可以將生態瓶移動到早晚溫差較大的地方，或是晚上移到屋外，讓菌菇吹吹冷風，也有助於生長。

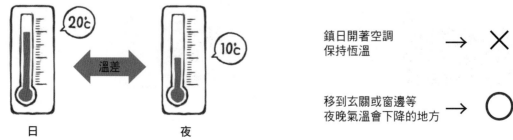

20℃　　溫差　　10℃

日　　　夜

鎮日開著空調
保持恆溫 → ✕

移到玄關或窗邊等
夜晚氣溫會下降的地方 → ○

Q. 長出來的菌菇可以吃嗎？

A. 用來製作菌菇生態瓶的菇類都是市面上販賣的食用菇，本來是可以吃的，但因為我們把它養在玻璃容器內，很容易發黴，吃了有可能會拉肚子，建議別輕易嘗試。

Q. 長出果蠅了……

A. 萬一長出果蠅，可以噴灑市售的殺蟲劑。我也曾經在容器裡噴灑殺蟲劑，對苔蘚和菌菇都沒有影響。

市售的殺蟲劑

Q. 孢子從菌菇上掉落，讓苔蘚變白了。

A. 當菌菇開始長大，孢子會從張開的蕈傘四散紛飛。孢子落到苔蘚上就會變白（例如金針菇或秀珍菇），或變成咖啡色（例如金毛鱗傘或滑菇）。如果放著不管，就會滋生黴菌，所以最好趁早用噴霧器對孢子噴水，沖走孢子。枯萎的菌菇也會滋生黴菌，請趁早摘掉枯萎的菌菇。

放著不管的下場……

Q. 吸入菌菇的孢子不會有事吧？

A. 研究報告指出，栽培菌菇的從業人員平常因經常吸入大量的孢子，容易導致過敏。不過一般人在家裡栽培菌菇，還不至於構成健康問題。但建議最好還是避免栽培非常大量的菌菇。

Q. 可以採集山上的苔蘚或菌菇回來做菌菇生態瓶嗎？

A. 日本國立、國家公園內的特別保護區是禁止採摘植物的。如果要採摘私有地的菌菇，請一定要經過地主的同意，也請不要將自然界的菌菇連根拔起。

另外，自然界有很多毒菇，其中也有相當於毒品原料的品種，光是栽培、收受、讓渡、持有這些菇類就已經違法了，一旦違反法律，將處以徒刑或易科罰金。所以千萬不要從大自然採集菌菇，而是善用市面上的食用菇。

適合做菌菇生態瓶的苔蘚＆植物

苔蘚

基本上，適合用來製作苔蘚生態瓶的品種，也一樣適合用來製作菌菇生態瓶。只不過，菌菇生態瓶裡還要設置菌床或段木，所以必須嚴格地控制水分，以免菌床或段木腐爛，並據此選擇相應的苔蘚品種。

白髮苔

強壯、耐乾燥，十分好養。個頭比較小，放在容器裡也不容易長得太長，很適合種在瓶子前方。白髮苔會形成饅頭形狀的菌落，圓滾滾的模樣十分可愛，也很吸引人。

📖 種植容易度 ★★★★★

梨蒴珠苔

會長出鮮艷翠綠的嫩芽，是很漂亮的苔蘚。一旦乾燥，葉子就會縮起來，所以也很適合用它來判斷容器內的乾燥程度。梨蒴珠苔不容易長得太長，個頭也比較高，因此適合種在中間～前方。不耐高溫，夏天請盡量放在涼爽一點的地方。

📖 種植容易度 ★★★

檜苔

個頭比較高，因此主要使用於後方。檜苔非常強壯，即使光線不夠亮也能長得很好。本來最好種在濕潤的環境下，但在水分比較少的環境也能生長，所以做成菌菇生態瓶的時候請做好水分的控管。曝曬在強光下，前端會變成橘色。

📖 種植容易度 ★★★★★

灰苔

草綠色的葉子很鮮艷，是很漂亮的苔蘚。耐乾燥，長得很快，適合用來製作「初級篇」介紹的那些可以在短時間內搞定的作品。只要頻繁地換氣，放在光線充足的地方，就能長得健健康康。

📖 種植容易度 ★★★

曲尾苔

葉子青蔥茂密，鋪滿一整面的時候，看起來就像草原一樣。生長的速度相對較快，個頭也比較高，很適合做成背景。光線不夠亮的話，容易長得太長，建議放在陽光充足的地方。

 種植容易度 ★★★

絹苔

會以蔓延的方式往旁邊生長。因為具有容易附著生長的特性，使其攀爬在段木或漂流木上，就能長得很自然。冬天氣溫下降的時候還會變成紅色（如右圖）。

 種植容易度 ★★★★

植物

蕨類植物生長的光線和水等栽培條件與苔蘚一樣，也很適合做成菌菇生態瓶。大型蕨類容易跟苔蘚或菌菇的體積不成比例，所以建議選擇小型的品種。最近市面上有各式各樣用來製作苔蘚生態瓶的蕨類，不妨善加利用。

圓蓋陰石蕨

非常強壯，也很好養。因為個頭比較高，很適合用來為造景的高度製造變化，增加層次感。但也因為長得很快，視覺效果很容易顯得突兀，要不時地修剪。

日本陵齒蕨

很強壯，非常好養。屬於小型的蕨類，與苔蘚的比例恰到好處。當新芽從根部冒出來的時候，樣子超級可愛。成長速度緩慢，因此在視覺效果上不會顯得太突兀。

伏石蕨

自然界裡經常可以看到長在樹皮或岩壁上的伏石蕨。只要事先種在漂流木或岩石的根部，伏石蕨就會自己爬上去。

虎耳草

葉脈美不勝收的小型蕨類。葉片帶點紅色，能與綠意盎然的苔蘚形成強烈的對比，想為顏色增加變化時，將成為你不可或缺的好幫手。

重現大自然

「好像把山的一部分剪下來一樣。」

在展示會上，我遇到客人這麼說。
聽了真的很高興。

畢竟我在創作的時候，最想達成的就是
「盡可能排除所有人類的想法」。

因為我認為，最美的莫過於大自然的產物。
苔蘚形成菌落，冒出新芽，欣欣向榮。
植物追求光線，開枝散葉。
為了讓孢子飛向更遠的地方，菌菇努力張開蕈傘。
生物拚了命地想要活下去時所產生的型態，美得令人屏息，那種美感是人類再怎麼挖空心思也無法呈現的。

2018年1月27、28日
日本神戶市花與綠的都市計畫中心
「KOBE菌菇、苔蘚微縮生態瓶展」的
展示作品

製作菌菇生態瓶時，我總會一邊想著在山上看到的風景，
一邊組合漂流木與岩石，再把土壤輕輕地倒上去，
我希望能將作品**交給地心引力，不要硬做造型。**
土壤會自然地堆積在有漂流木或岩石的地方；沒有阻礙的地方則落到底部，形成自然的凹凸起伏。

種植苔蘚或植物的時候，我會去思考各自的生長環境，但也不用想太多，種就對了。
只要符合條件，就能長得生機盎然。
不符合條件則枯萎凋零。
唯有適合那個環境的生物，才會長成原本該有的模樣。
如此一來，完成品就會非常接近自然，美不勝收。

發光的菌菇：螢光小菇

螢光小菇　　俗名：夜光蕈　　　　學名：*Mycena chlorophos*

螢光小菇分布在日本小笠原群島的父島、伊豆群島的八丈島
等地，好發於降雨量較多的季節，會自然發光，是很稀奇的
菇類。除了螢光小菇外，還有綠光蘑菇、月夜茸等會發光的
菌菇，但其中仍以螢光小菇的亮度最耀眼。目前還不知道為
什麼會它們發光，神祕的風采令人目眩神迷。

只要用栽培組合包就能輕鬆培養

「岩出菌學研究所」是日本唯一製造螢光小菇栽培組合包的公司，透過 Shien
股份有限公司以期間限定的方式販賣。容器及菌種等栽培所需要的東西一應俱
全，任何人都能輕鬆栽培螢光小菇。除了螢光小菇外，該研究所也從事姬松茸
及雞腿菇的人工栽培等等，長期推動「透過菌菇對社會做出貢獻」的活動。

栽培組合包。意者請洽 Shien 股份有限公司（岩
出菌學研究所）（參照 p.94～95）。

螢光小菇的觀察日記 ✏️

培養第1天

因為是組合包，該有的工具都有了。只要把菌種放進專
用的容器裡，再把腐葉土鋪在正中央就行了！接下來只
要每隔2～3天用滴管對正中央的腐葉土澆水，偶爾用噴
霧器噴濕全體即可。

第11天

菌菇的小寶寶（原基）從腐葉土與
菌種的交界處探出頭來了！

一個地方就長出了三朵菌菇，
看起來好像爭先恐後出土一般！

第14天

慢慢地長大成幼菌。
看起來好像眼球老爹，很可愛。

生長速度
從第15天開始變快！！

第16天

長成挺拔的菌菇。
白白的，明艷動人的大美人。

第16天晚上　　關掉電燈，讓室內變暗後……

發光了！

91

有如坐上時光機的縮時攝影

菌菇從骷髏頭裡陰森森地長出來了？！

請各位用智慧型手機掃描右側的QR code，
就能看到縮時攝影的影片。

0:17 / 0:19

DATA	
間隔時間	每 5 分鐘
照片張數	700 張
攝影期間	約 58 小時
影片時長	13 秒
使用相機	佳能單眼相機
快門線	TC-2002
影片剪輯軟體	Adobe Premier Pro

👉 利用菌菇長得很快的特性

菌菇的生命很短暫，如夢似幻；長得很快，一下子就枯死了。但也可以反過來利用這種性質，做點有趣的事。以一定的間隔拍下大約58小時的生長狀態，製作成13秒的縮時影片，就成了菌菇從骷髏頭的眼睛裡陰森森長出來的樣子！

👉 何謂縮時影片？

縮時是指以快轉的方式，觀察影片中的物體隨時間經過變化的樣子。

👉 何謂間隔攝影？

把相機固定在腳架上，以一定的時間間隔從定點連續按下快門的攝影方法。有些相機本身就內建間隔攝影的功能。沒有的話可以利用附計時器功能的快門線等。這時請選擇對應相機機種的快門線。

附有間隔攝影功能
的快門線（TC-2002）

👉 將靜止畫面變成動畫，大功告成了！

用影片剪輯軟體將定點拍攝的700張照片變成動畫，縮時影片就大功告成了！即使是免費的影片剪輯軟體也可以辦到，沒有影片剪輯軟體的人可以尋找免費資源。

社群上的菌菇生態瓶

獲得許多「讚」的菇菇們

@kinocorium
追蹤人數 2.3 萬人

♥ 4238

KOBE Mushroom Moss Exhibition
2019[February 2-3, 2019]
Spaceship 'Mush-11'

♥ 1678

It's like a fairy tale world
[Pleurotus cornucopiae var.
citrinopileatus]

♥ 1000

Just like a mad scientist laboratory
[Pholiota adiposa]

♥ 3099

MushroomTerrarium
[Flammulina velutipes]

♥ 5972

The big one came out again
[Pholiota adipos]

材料、工具
購買管道

本書介紹的菌床及菌種都能在網路上買到。此外，網路上也有販售栽培菌菇的懶人組合包（太空包），初學者不妨從那種工具組開始。

我的Instagram主要用來展示作品的照片，吸引世界各地許多人來按「讚」！
也會在Twitter公布展覽或工作坊的宣傳行程，歡迎各位追蹤！

335　♥ 1013

可不要小看滑菇喔，
可以長這麼大呢。

2萬　♥ 6.4萬

我一直希望能做出一個菌菇生態瓶，是
一個大水槽裡長著琳琅滿目的菌菇，去
年冬天終於完成了……

@kinocorium
追蹤人數 1.1 萬人

329　♥ 1222

金針菇的質感，
無法用三言兩語形容，
總讓人想一直看下去。

193　♥ 848

秀珍菇長得很漂亮，
充滿了樂園感。

176　♥ 532

大獲好評的「菌菇生態瓶景點」將於 1 月
25 日（下午）、26 日、27 日再度展出。

※以上皆為 2019 年 9 月的作品

菌　床　　森產業株式會社
　　　　　森林的菌菇俱樂部
　　　　　〒 378-0062 群馬縣沼田市町田町 1600
　　　　　TEL：0278-22-1455
　　　　　https://www.rakuten.ne.jp/gold/drmori1/

菌　種　　加川椎茸株式會社
　　　　　〒 981-1502 宮崎縣角田市尾山橫町 12
　　　　　TEL：0224-62-1623　FAX：0224-62-3471
　　　　　https://kagawashiitake.co.jp/

螢光小菇
栽培組合包
　　　　　Shien 股份有限公司（岩出菌學研究所）
　　　　　Gargalgirl Web Shop
　　　　　〒 514-0012 三重縣津市末廣町 1 番 11 號
　　　　　TEL：059-213-0404
　　　　　http://www.gargalgirl.com/

苔蘚、菌菇生態瓶栽培組合包、段木、原木
苔蘚的居家設計、微縮生態瓶
https://www.kokerium.com/

國家圖書館出版品預行編目資料

菌菇的微型世界：以玻璃瓶打造掌中風景 / 樋口和智
作；賴惠鈴譯. -- 初版. -- 臺北市：春光出版，城邦文
化事業股份有限公司出版：英屬蓋曼群島商家庭傳
媒股份有限公司城邦分公司發行，民111.06
　面；　公分
譯自：部屋で楽しむきのこリウムの世界
ISBN 978-986-5543-94-5 (平裝)

1.CST: 園藝學　2.CST: 觀賞植物

435.11　　　　　　　　　　　　　　　　111007569

樋口和智

一九七六年出生於日本大阪府。自京都府立大學農學系林
學科畢業後，進入設計公司工作；後來轉為個人接案，參與
過網頁設計的照片拍攝及平面設計製作等。
二〇一五年，他開始在社群網站上發表自己製作的「菌菇
生態瓶」作品；最近作品也在各大展覽中實際展出，引起日
本各地熱愛菌菇、園藝的玩家關注。為了讓一般人也能體
會菌菇生態瓶的魅力，他開始開設工作坊，並販賣栽培組
合包等；同時也樂於傳授菌菇的知識給兩名女兒。
菌菇生態瓶：https://kinokorium.net/

菌菇的微型世界：以玻璃瓶打造掌中風景
部屋で楽しむ きのこリウムの世界

作　　　　者	／樋口和智
譯　　　　者	／賴惠鈴
企劃選書人	／劉瑄
責 任 編 輯	／何寧

版權行政暨數位業務專員	／陳玉鈴
資深版權專員	／許儀盈
行 銷 企 劃	／陳姿億
行銷業務經理	／李振東
總　編　輯	／王雪莉
發　行　人	／何飛鵬
法 律 顧 問	／元禾法律事務所　王子文律師
出　　　　版	／春光出版
	台北市104中山區民生東路二段 141 號 8 樓
	電話：(02) 2500-7008　傳真：(02) 2502-7676
	部落格：http://stareast.pixnet.net/blog E-mail：stareast_service@cite.com.tw
發　　　　行	／英屬蓋曼群島商家庭傳媒股份有限公司城邦分公司
	台北市中山區民生東路二段 141 號11 樓
	書蟲客服服務專線：(02) 2500-7718 / (02) 2500-7719
	24小時傳真服務：(02) 2500-1990 / (02) 2500-1991
	服務時間：週一至週五上午9:30～12:00，下午13:30～17:00
	郵撥帳號：19863813　戶名：書蟲股份有限公司
	讀者服務信箱E-mail: service@readingclub.com.tw
	歡迎光臨城邦讀書花園 網址：www.cite.com.tw
香港發行所	／城邦（香港）出版集團有限公司
	香港灣仔駱克道 193 號東超商業中心 1 樓
	電話：(852) 2508-6231　傳真：(852) 2578-9337
	E-mail：hkcite@biznetvigator.com
馬新發行所	／城邦（馬新）出版集團　Cite(M)Sdn. Bhd
	41, Jalan Radin Anum, Bandar Baru Sri Petaling,
	57000 Kuala Lumpur, Malaysia.
	Tel: (603) 90578822　Fax:(603) 90576622　E-mail:cite@cite.com.my

封 面 設 計	／木木Lin
內 頁 排 版	／邵麗如
印　　　　刷	／高典印刷有限公司

■ 2022 年（民 111）6 月30 日初版一刷　　　　　　　　Printed in Taiwan

售價／399元

HEYA DE TANOSHIMU KINOKORIUM NO SEKAI by Kazunori Higuchi
Copyright © Kazunori Higuchi 2019
All rights reserved.
Original Japanese edition published by Ie-No-Hikari Association, Tokyo.
This Complex Chinese edition is published by arrangement with Ie-No-Hikari Association, Tokyo
in care of Tuttle-Mori Agency, Inc., Tokyo through LEE's Literary Agency, Taipei.
Chinese-complex Translation copyright © 2022 by Star East Press, a Division of Cite Publishing Ltd.

ISBN　978-986-5543-94-5

城邦讀書花園
www.cite.com.tw